RECUEIL

SPÉCIALEMENT CONSACRÉ

A L'ÉTUDE DES COLÉOPTÈRES

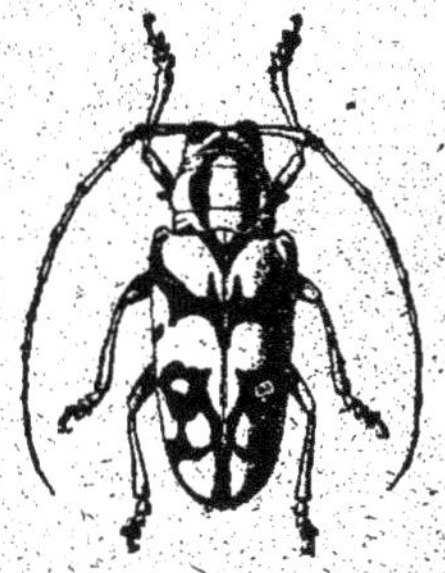

TOME Iᵉʳ — /ᵉ LIVRAISON

PUBLIÉ

PAR RENÉ OBERTHÜR

A RENNES

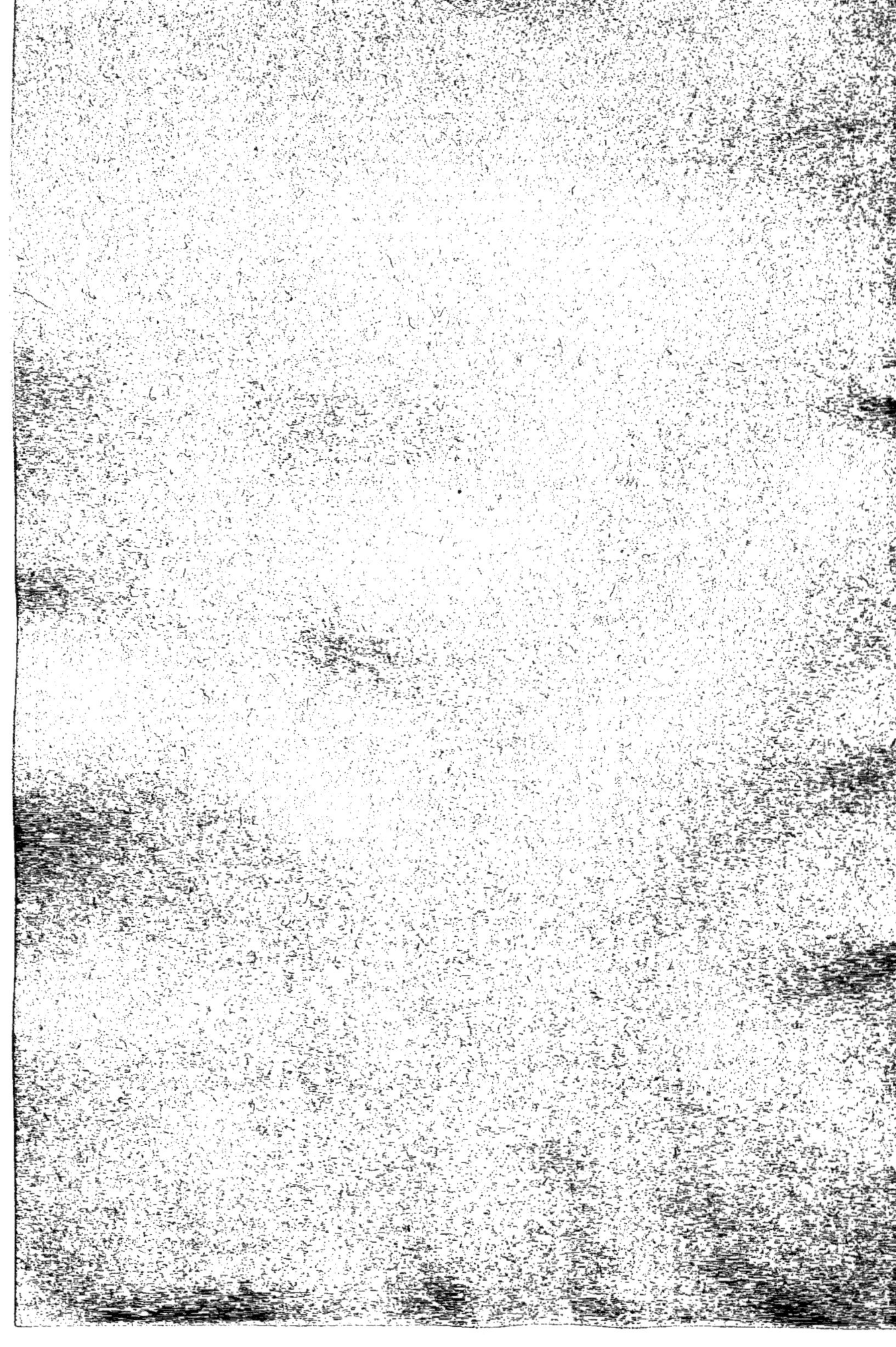

COLEOPTERORUM NOVITATES

COLEOPTERORUM NOVITATES

RECUEIL

SPÉCIALEMENT CONSACRÉ

A L'ÉTUDE DES COLÉOPTÈRES

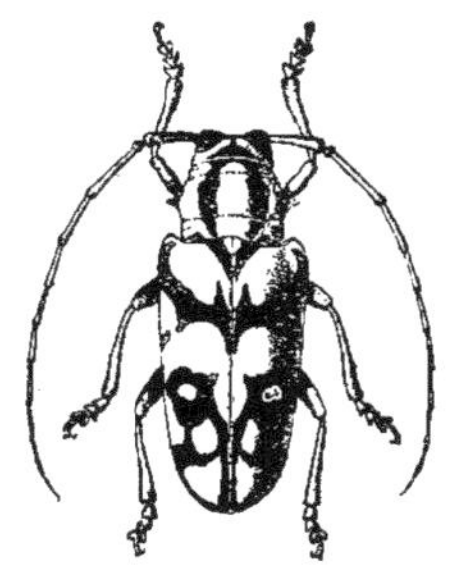

TOME Ier

PUBLIÉ

PAR RENÉ OBERTHÜR

A RENNES

SCAPHIDIDES NOUVEAUX

Par René OBERTHÜR

Les *Scaphidides,* dans le catalogue Gemminger et Harold (1868), comprenaient seulement 51 espèces décrites.

Ma collection contient actuellement dans cette famille, avec les types de M. Reitter, plus de 100 espèces, parmi lesquelles plusieurs encore inédites et dont voici les descriptions :

Scaphidium cyanellum, R. Ob^r.

Corpus convexo-depressum, ovale, micans, cyaneum; subtus cum pedibus atrum, nitidum. Antennæ piceæ, clava haud nitida; caput parvum, convexulum; prothorax subconicus, medio disco convexus, lateribus vix rotundatis, punctulis haud impressis parvulis impressus, serie una punctorum arcuata transversa, ad basin exornatus, basi sinuatus. Elytræ medio latiores, lateribus subrotundatæ, apice truncatulæ, separatim subrotundatæ, tenuissime et obsolete punctulatæ.

Long. : 4 ¹/₂; lat. : 2 ¹/₄ mill.

Corps convexe-déprimé, subovale, brillant, bleu, et muni d'une ponctuation fine et peu profonde en dessus; noir en dessous. Pattes et antennes également noires; ces dernières avec leur massue non brillante, noire également. Tête petite, convexe; prothorax subconique, légèrement arrondi sur ses bords, passablement convexe, pourvu d'une série transversale de points enfoncés, vers la base, parallèlement à cette dernière, et de forme arquée. Élytres plus larges en leur milieu, arrondies légèrement sur les bords, tronquées à leur sommet qui est tant soit peu arrondi; suture rebordée.

Un exemplaire de cette espèce, rapporté de l'Inde boréale par le Dr Bacon, faisait partie de la collection Mniszech.

Scaphidium exornatum, R. Ob^r.

Ovale, nitidum, glabrum, nigrum. Prothorax convexus, longe conicus, lateribus vix rotundatus, rubens, margine basali nigro, maculisque duabus elongatis magnis in medio disco plagiatus, basi sinuatus, linea transversa arcuata juxta basin punctorum approximatorum prœditus. Elytrœ medium versus latiores, latere subrotundatœ, ad suturam marginatœ et juxta basin punctulis limbatœ, rubrœ, sutura maculisque 3 in utraque nigris. Pedes nigri; femora medio rubra. Pars infera nigra; abdomen apice rufescens; pygidium rubrum, medio, late nigrotinctum. Antennœ nigrœ, basi rufœ.

Long. : 4 ³/₄; lat. : 2 ²/₃ mill.

Ovale, brillant, glabre, noir varié de rouge. Prothorax convexe, allongé, conique, à peine arrondi sur les bords, rouge·rebordé de noir à sa base, et orné de deux grandes maculations noires, sinué à sa base; pourvu d'une série arquée et transverse de points en cette partie. Élytres plus larges vers leur milieu, un peu arrondies sur les bords, à suture marginée et rebordée à la partie basale par une série de petits points, rouges, avec la suture et trois taches noires sur chaque élytre. Pattes noires; fémurs rouges en leur milieu. Dessous du corps noir; abdomen rougeâtre à son sommet; pygidium rouge, largement teinté de noir en son centre. Antennes noires, à premiers articles rouges.

Australie; Clarence River (collection Mniszech).

Scaphidium peraffine, R. Ob^r.

Glabrum; prœcedente minus, magis quadratum; fere ejusdem coloris; differt tamen : margine basali prothoracis minus distincte nigro-limbato; thorace minus elongato et conico; linea transversa basali punctorum arcuata haud perspicua in hac specie; parte infera cum pedibus rubella.

Long. : 3 ¹/₃; lat. : 2 ¹/₄ mill.

Glabre; plus petit et de forme plus carrée que l'espèce précédente; à peu près de même couleur qu'elle; mais en diffère par sa couleur rouge plus obscure, le bord inférieur de son corselet moins distinctement marginé de noir; celui-ci beaucoup moins allongé, moins conique, plus arrondi sur ses bords; par l'absence de la ligne arquée de points existant à sa base, chez l'espèce voisine, et par la coloration rougeâtre du dessous et des pattes.

Colombie (collection Mniszech).

Scaphidium nigrocinctulum, R. Ob^r.

Nitidum, convexulum, subovale, flavo-brunneus. Antennæ obscure rufescentes; clava nigra, opaca. Prothorax conicus, subconvexus, angulis posticis productis, acutis, basi nigro-marginatus et serie arcuata punctulorum impressus. Elytræ basi serie punctorum marginulatæ; sutura apice lateribusque nigro-cinctæ; lateribus rotundatæ. Pars infera cum pedibus, rubescens; pedes et pygidium obscuriora.
Long. : 4 ¹/₂; lat. : 2 ¹/₂ mill.

Brillant, subconvexe, de forme ovale, d'un brun clair. Antennes d'un rouge obscur, avec leur massue noire. Prothorax conique, à disque un peu convexe, à angles postérieurs aigus, proéminents en arrière, bordé de noir à sa base et muni à cette place d'une série arquée de points enfoncés. Élytres rebordées à leur base d'une autre série de points, avec leur suture, leur extrémité et leur bord externe, noirs, légèrement arrondies sur leurs côtés. Dessous du corps rougeâtre; pattes de couleur plus foncée; pygidium teinté de noir.

Iles Andaman.

Scaphidium Patinoi, R. Ob^r.

Dilatatum, convexulum, subovale, micans, obscure rufus, cum prothorace medio obscuriore, tibiis et clava antennali nigris, singulaque elytra macula nigra maxima haud distincta plagiata subobliqua, post humeros incipiente suturamque ad apicem petente, prædita. Prothorax conicus, convexiusculus, basi medio subproductus, obsoletissime vix punctulatus, glaber, linea basali punctorum deficiente et nonnullis punctulis transverse dispositis, tantummodo ex utraque parte impressus. Elytræ abbreviatæ, obsoletissime et minute punctulatæ, stria basali subtiliter, suturalique minus conspicue punctulata.
Long. : 5; lat. : 3 mill.

Assez large, convexe, subovale, assez court de forme, luisant, d'un rouge très foncé; corselet plus obscur encore sur son disque, presque noir; massue antennaire et tibias noirs, de même qu'une large tache suboblique sur chaque élytre, tache qui partant de derrière les épaules, se dilate ensuite et vient aboutir à la suture vers l'extrémité de celle-ci. Prothorax conique, un peu convexe, légèrement prolongé à la partie médiane à sa base, muni d'une ponctuation obsolète à peine visible, glabre, et muni seulement de chaque côté à sa partie postérieure de quelques petits points rangés à la suite les uns des autres. Élytres courtes, ponctuées très finement et peu distinctement, avec la strie basale finement ponctuée et la strie suturale possédant une ponctuation semblable, mais à peine visible.

Cette espèce ressemble surtout au *S. rubicundum* Reitter, mais elle en est bien distincte; elle m'a été envoyée de Manizales (Colombie), par M. A.-M. Patino, à qui je me fais un plaisir de la dédier.

Scaphidium geniculatum, R. Ob^r.

Latum, testaceum, aliquando obscurius, politum, antennis ad apicem nigris; genibus cum tibiis piceis; tarsis obscure ferrugineis. Oculi approximati; prothorax conicus, haud distincte punctulatus, subtiliter marginulatus, basi medio subproductus, ad latera utrinque post medium aliquando nigro plus minusve perspicue unipunctatus. Elytræ laxe et subtilissime punctulatæ; stria suturali et basali, hac præcedente distinctius, punctulatis.

Long. : 5 ¼; lat. : 3 mill.

Déprimé, d'un testacé plus ou moins obscur, brillant. Antennes noires, sauf à leur base; genoux et tibias d'un noir rougeâtre obscur; tarses d'une couleur plus claire. Yeux rapprochés. Corselet conique, sans ponctuation sensible, très finement rebordé, sinué à la base en son milieu, et muni quelquefois seulement d'un point noir plus ou moins sensible sur les côtés, après la partie médiane. Élytres pourvues d'une ponctuation très fine et très peu serrée; la strie suturale aussi bien ponctuée que celle de la base, mais moins fortement.

Elle a été rencontrée à Matachin (Panama), par M. le Dr O. Thieme.

Cette espèce se rapproche du *S. mexicanum* Cast., dont elle diffère par sa couleur générale et surtout celle de ses pattes, et sa strie suturale plus distinctement ponctuée. Ces caractères la feront aussi distinguer du *S. rubicundum* Reitter, dont il est également très voisin.

Scaphidium exclamans, R. Ob^r.

*Nitidum, depressum, rubro-flavidum. Caput oculis approximatis,
basi nigrescens. Prothorax convexiusculus, regulariter conicus, basi
sinuatus, media macula nigra litteram X simulante, unaque parvula
rotundata alia utrinque ad latera ornatus, linea basali transversa
interrupta arcuata punctulorum impressorum. Elytræ ante medium
latiores, ad latera rotundatæ et nigro tenuiter marginatæ, medio ut
adustæ et nigrescentes; singulatim præterea biplagiatæ; maculis
magnis elongatis; una postica, aliaque antica ad basin producta, hanc
ex parte circumdante; sutura nigra. Sublus fulvo-rubidum, nigrotinctum; pygidium rubrum, medio nigromaculatum. Femora rubra,
apice cum tibiis nigra. Antennæ rufescentes, clava infuscata.*
  Long. : 5 ³/₄; lat. : 3 ¹/₄ mill.

Brillant, subdéprimé, d'un jaune rouge. Yeux rapprochés. Tête noirâtre
à sa base; prothorax un peu convexe, régulièrement conique, sinué à sa base
avec une tache noire médiane en forme de X, accompagnée de chaque côté
d'un petit point de même couleur, muni à sa base qui est d'une couleur
foncée, même un peu noirâtre, d'une ligne de points interrompue, arquée.
Élytres un peu plus larges avant leur milieu, arrondies sur leurs bords,
avec une fine bordure noire sur les côtés; leur milieu d'un rouge plus foncé
et teinté de noir; chacune d'elles ornée en outre de deux taches allongées
de même couleur, dont l'antérieure se prolonge sur le bord antérieur du
côté de la suture pour se confondre avec cette dernière; bord antérieur
avec une série de points. Suture marginée. Fémurs rouges, noirs à l'extrémité; tibias noirs. Antennes rougeâtres, avec la massue noire.

Saint-Paul (Brésil).

Scaphidium pantherinum, R. Ob^r.

*Nitidum, depressum, obscure rubro-flavidum. Oculi nigri. Pro-
thorax late conicus, basi medio elevato-subgibbosus et sinuatus,
utrinque ad basin nigroplagiatus. Elytræ ad latera antice rotundatæ,
obscuratæ, humeris subcallosæ, ad suturam et apicem nigro tenuiter
cinctæ, humeris punctum unum, medium versus duos alios, et pro-
pius apicem, quartum gerentes. Pars infera cum pygidio rubra;*

*femora rubra; tibiæ nigræ; tarsi brunnei. Antennæ rufescentes,
clava nigra opaca.*

Long. : 6; lat. : 3 ³/₄ mill.

Brillant, subdéprimé, d'un jaune rougeâtre obscur. Yeux noirs. Corselet
assez large, conique, avec une gibbosité peu marquée à la base en son milieu, sinueux en cet endroit, et taché de noir de chaque côté à sa base.
Élytres obscures, arrondies antérieurement sur les côtés, avec leurs épaules
légèrement calleuses, obsolètement ponctuées; rebordées finement de noir
à la suture et à l'extrémité, ornées d'un point aux épaules, de deux maculations situées vers leur milieu, et d'une quatrième plus près de l'extrémité.
Partie inférieure du corps, pygidium et fémurs rouges; tibias noirs; tarses
bruns. Antennes rougeâtres, leur massue noire.

Diffère du précédent par l'absence de points à la base du corselet, de maculations sur le milieu de celui-ci, ainsi que par la disposition de celles des
élytres et leur forme différente.

Rio Negro (collection Mniszech).

Scaphidium fasciatomaculatum, R. Oᴮʳ.

*Latum, luteo-flavidum, micans; oculis, genibus, antennis (articulis
2 primis exceptis), limbo tenuissimo externo elytrarum, punctisque
6 in utraque nigris. Prothorax mediocriter convexus, vix distincte
obsolete punctulatus, conicus, lateribus angulatis, basi sinuatus.
Elytræ parce et subtiliter obsolete punctulatæ; punctis 6 atris utraque
prædita : uno humerali, duobus submediis et tribus apicalibus.*

Long. : 6 ¹/₂; lat. : 4 mill.

Large, jaune clair brillant; yeux, genoux et antennes (à l'exception des
deux premiers articles), ainsi qu'un rebord extérieur très fin et 5 points sur
chaque élytre noirs. Corselet médiocrement convexe, anguleux sur ses
bords, sinueux à sa base, obsolètement et très finement ponctué, conique.
Élytres peu densément, finement et très peu distinctement ponctuées; chacune d'elles ornée de 5 points noirs : l'un sur l'épaule, deux submédians et
deux autres vers leur extrémité.

Les points des élytres rangées au milieu de celles-ci en forme de fascie
interrompue, peuvent se trouver au nombre de trois, lorsque la tache latérale se divise en deux parties.

Amazones; Ega (Dʳ Hahnel et M. de Mathan).

Var. : *Elytris medio obscurioribus, punctis fascias 2 simulantibus.*
Même localité.

Scaphidium pardale, Cast. — Var. Nigripenne, Ob^r.

Cette espèce, décrite sur des individus provenant de Cayenne, semble
assez répandue dans la région amazonienne. J'en ai reçu plusieurs exemplaires de Santo-Paulo-d'Olivença (de Mathan), de Coary et de Manès
(Dr Hahnel).

Dans cette dernière localité se trouve une remarquable variété dans
laquelle les élytres, à l'exception de la suture et du rebord épipleural jaunâtres, sont d'un noir brillant uniforme; elle est par ailleurs absolument
semblable aux exemplaires typiques.

J'ai donné à cette forme mélanienne, qui paraît du reste constante, le
nom de *Nigripenne*.

Scaphidium cerasinum, R. Ob^r.

*Latiusculum, obscure cerasinum, micans; oculis, antennarum apice
et clava atris; pedibus dilutioribus. Prothorax postice medio gibbosus,
convexus, basi utrinque serie punctorum transversa munitus, conicus, ad latera angulatus. Elytræ subtilissime et obsolete punctulatæ; margine basali punctato-striato; sutura marginata; punctulis
basalibus ante humeros desinentibus.*

Long. : 6; lat. : 3 ¹/₂ mill.

Assez large, d'un rouge brun clair brillant; extrémité des antennes, leur
massue et yeux noirs; pattes d'une couleur rouge plus claire. Corselet avec
une gibbosité médiane à sa base, sinué en cet endroit et muni d'une série
transverse et arquée de petits points interrompus largement au milieu,
conique, anguleux sur les bords. Élytres munies d'une ponctuation très fine
et à peine visible et d'une série de petits points, les rebordant à leur base, et
n'atteignant pas l'épaule; suture marginée.

Extrêmement voisin pour la forme et les caractères du *S. pardale*,
Cast., mais se rapprochant pour la couleur du *S. rubicundum*, Reitter.

Amazones; Tonantins (M. de Mathan), et Santo-Paulo-d'Olivença
(Dr Hahnel).

Scaphidium vittipenne, R. Obʳ.

Latum, subdepressum, subovale, micans, luteum. Caput convexulum. Prothorax glaber, medio basi gibbosus, regulariter conicus, ad basin sinuatus, convexus, punctis 4 minutis rotundatis, nigris punctis decoratus. Elytræ depressæ, ad marginem parum rotundatæ; singula nigro tenuiter punctulata, marginatæ, et vittis duabus abbreviatis, quarum externa ad humeros interrupta; humeris subcallosis; acute carinatæ ad marginem externum. Antennæ tibiæque nigræ; primæ basi, secundæ apice, femora tarsique rubro-ferruginea.

Long. : 8; lat. : 4 mill.

De forme large et déprimée, subovale, brillant. Tête petite, convexe. Corselet glabre, avec une gibbosité médiane à sa base, régulièrement conique, avec ses bords aigus, sinueux à sa base, convexe, orné de 4 petites taches rondes. Élytres dilatées, peu arrondies sur les côtés, avec leurs bords aigus, finement ponctuées et rebordées de noir; pourvues en outre de deux bandes n'atteignant ni la base, ni l'extrémité, et dont la plus extérieure est interrompue au niveau de l'épaule; celle-ci un peu calleuse. Antennes et tibias noirs; les premières aux deux premiers articles et les seconds à leur extrémité, ainsi que les fémurs et les tarses d'un rouge ferrugineux.

Remarquable par sa taille, sa coloration et le bord de ses élytres caréné.

Amazones; Pebas (Dʳ Hahnel) et Iquitos (M. de Mathan).

Cyparium Mathani, R. Obʳ.

Latum, micans, castaneo-piceum. Antennæ rufescentes, clava setulosa. Prothorax basi lateribusque in parte infera subtilissime punctatus, subconicus, ad latera rotundatus, nitidus, ater. Elytræ seriebus 5 punctorum munitæ, ad latera et apicem late irregulariter punctulatæ; stria suturali impressa. Pygidium subtiliter punctulatum. Pedes obscure castanei.

Long. : 4; lat. : 2 ½ mill.

Déprimé, brillant, d'un noir un peu châtain. Antennes rougeâtres. Corselet à sa base et sur les côtés, mais seulement dans leur partie postérieure, très finement ponctué, subconique, convexe, légèrement arrondi sur ses bords, d'un noir brillant.

Élytres portant dans leur moitié avoisinant la suture cinq séries de petits points réguliers, ponctuées irrégulièrement sur les côtés et à leur extrémité. Strie suturale bien marquée. Pygidium très finement ponctué. Pattes d'un châtain obscur.

Diffère du *C. flavipes*, Lec., par la ponctuation plus fine et différente des élytres. A cet égard, l'espèce se rapprocherait plutôt du *C. piceum*, Reitter, du Cap.

Amazones; Iquitos (M. de Mathan).

L'un des exemplaires est imponctué sur le prothorax, et est en outre d'une couleur châtain plus clair et d'une taille un peu moindre. Comme il est unique, et que les différences sont, en somme, assez faibles, je ne puis le considérer comme appartenant à une forme spécifiquement distincte.

Scaphisoma quadratum, R. Ob[r].

Corpus pro genere grande, subovato-quadratum, glabrum, convexum, nitidulum, nigrum, infra cum pygidio, elytrarum apice, antennisque brunneo-testaceum. Thorax convexus, nitidissimus, lateribus subrotundatus, subconicus, basi medio tantisper productus et flexuosus. Elytræ thorace longiores, subquadratæ, apice truncatæ, ad marginem rotundatæ, convexæ, ad suturam apice subdehiscentes, prothorace minus nitidæ. Corpus infra subtiliter punctulatum; pygidio producto, conico, acuto.
Long. : 3; lat. :[2 mill.

De grande taille pour le genre, en ovale tronqué à son extrémité de manière à paraître un peu carré, luisant, noir; dessous du corps, pygidium, antennes et extrémité inférieure des élytres d'un brun fauve testacé. Forme générale convexe. Corselet très luisant, de même que le reste du corps, glabre; légèrement arrondi sur les bords, subconique, pourvu d'un prolongement au milieu de sa base qui est flexueuse. Élytres plus longues que le prothorax, de forme presque carrée due à la troncature de leur extrémité, moins brillantes que le corselet, convexes, légèrement déhiscentes. Dessous du corps très finement ponctué. Pygidium pointu, dépassant les élytres, de forme conique.

Transwaal.

Le *S. quadratum* se distingue du *S. limbatum*, Er., par sa taille plus

grande, sa forme plus convexe, la couleur du dessous du corps et l'absence
de ponctuation visible sur le dessus.

Scaphisoma apicerubrum, R. Ob*r*.

*Lato-ovale, convexum, nitidum, nigrum, apice elytrarum et abdo-
minis, pedibusque rufulis; antennis subtestaceis; prothorace subtilissime; elytris subtiliter sed distinctius punctulatis; utraque stria
suturali unica basi deflexa tenuique munita.*
Long. : 2; lat. : 1 ¹/₃ mill.

Ovale, assez large, convexe, d'un noir brillant avec l'extrémité de l'abdomen et des élytres, ainsi que les pattes rougeâtres ; antennes subtestacées.
Corselet très finement ponctué; élytres pourvues d'une ponctuation plus
forte, munies près de la suture commune, d'une strie unique arquée à sa
base, très fine.

Abyssinie (Raffray).

Scaphisoma distinguendum, R. Ob*r*.

*Ovale, convexulum, nitidum, piceum, obscure subrufescens; apice
elytrarum et abdominis luteo dilutioribus; pedibus subtestaceis. Caput
prothoraxque ut lævia; elytræ subtiliter punctulatæ; stria suturali
lineari impressa basi arcuata instructæ.*
Long. : 2 ¹/₄; lat. : 1 ¹/₂ mill.

Subovale, assez convexe, luisant d'un noir à teintes rougeâtres; extrémités des élytres et de l'abdomen testacés, jaunâtres; pattes d'un rouge
testacé plus clair à l'extrémité. Tête et prothorax sans ponctuation bien vi-
sibles; élytres finement et densément ponctuées, munies d'une strie avoisinant la suture et un peu arquée à la base.

Abyssinie (Raffray).

Scaphisoma Philippinense, R. Ob*r*.

*Ovale, convexum, nitidum, rufo-brunneum; pedibus rufo-testaceis.
Caput prothoraxque lævia. Elytræ apice subtruncatæ; valide punc-
tatæ, juxta suturam unistriatæ; stria subtili; prope basin arcuata;
abdominis apice, thoracisque lateribus infra dilutioribus.*
Long. : 2 ¹/₂; lat. : 1 ¹/₂ mill.

Ovale, convexe, luisant, d'un brun rouge; pattes d'un rouge testacé. Tête
et prothorax lisse, sans ponctuation sensible; élytres légèrement tronquées,
fortement ponctuées, pourvues de chaque côté de la suture d'une strie assez
visible sous un certain jour; extrémités de l'abdomen et côtés du corselet
en dessous, d'une couleur plus claire.

Philippines; Kingua (Dr C. Semper).

Scaphisoma luteipes, R. Oв^r.

*Ovale, satis latum, convexum, nitidum, piceum, apice tenuiter luteo-
marginatum, pedibus antennisque flavidis vel testaceis, subtiliter
punctulatum. Elytræ validius cribratæ, stria suturali minuta basi
subarcuata.*
Long. : 1 ³/₄; lat. : 1 ¹/₅ mill.

Ovale, convexe, assez élargi, luisant, noir avec l'extrémité inférieure des
élytres finement rebordée de jaune, les pattes et les antennes de cette même
couleur. Corps très finement ponctué en dessus; élytres pourvues d'une
ponctuation plus forte, avec une fine strie suturale à peine visible légèrement arquée à la base.

Nous possédons deux exemplaires de cette espèce, qui sont en entier
d'une couleur testacée; probablement ces exemplaires sont immatures.

Voisin de *S. terminatum*, mais plus petit.

Matachin (Dr O. Thieme).

Scaphisoma jocosum, R. Oв^r.

*Ovale, convexulum, micans, subtus cum pedibus antennisque ru-
fulum; supra nigricans cum margine extero thoracis, elytrarum
limbo infero plagaque maxima extera in utraque rufescentibus.
Corpus fere læve. Stria suturali perspicua, basi arcuata. Caput
obscure rufescens.*
Long. : 1 ²/₃; lat. 1 mill.

Ovale, assez convexe, luisant; dessous du corps, pattes et antennes rougeâtres; dessus noir, sauf la tête qui est d'un rouge noirâtre, le bord extérieur du prothorax, le rebord apical des élytres et une très grande tache
occupant presque tout le disque des élytres, délimitée par la suture, qui est

noire, d'un rouge un peu testacé. Strie suturale fine, mais bien visible, légèrement arquée à la base. Corps presque entièrement lisse.

Un exemplaire de la collection Mniszech provenant de King George's
Sound (Australie occidentale).

Toxidium Reitteri, R. Oᴮʳ.

*Parvulum, ovale, satis elongatum, nitidum, nigrum, lœve, elytris
subtilissime punctulatis; pedibus, antennis, abdomineque apice rufescentibus. Elytrœ apice interdum subfulvescentes, stria suturali impressa, perspicua.*
Long. : 1 ¹/₆; lat. : ²/₃ mill.

Très petit, ovale, allongé, luisant, noir, avec les pattes, le sommet de
l'abdomen et les antennes rougeâtres, et l'extrémité des élytres parfois
teintée de fauve. Strie suturale bien marquée. Ponctuation des élytres
extrêmement fine.

Abyssinie (Raffray).

Rennes, 15 juin 1883.

DESCRIPTION DE CARABIQUES NOUVEAUX

Par le baron de CHAUDOIR (1)

Galerita seminigra, Chaud.

Long. : 21 ; larg. : 6 ¹/₂ mill.

. Elle se rapproche, par sa coloration, de la *Nigripennis,* mais les bords du corselet ne sont pas noirs et les pattes sont entièrement rouges.

La tête est proportionnellement plus grosse et toute sa surface, y compris le front, est plus fortement ponctuée.

Le corselet est plus long, moins arrondi sur les côtés, encore plus longuement sinué postérieurement ; le disque est plus convexe de chaque côté de la ligne médiane, mais les côtés sont assez largement déprimés et le rebord latéral est plus relevé ; la ponctuation du dessus est plus forte.

Les élytres se rétrécissent notablement vers la base et s'élargissent assez au delà du milieu, les épaules sont plus effacées, l'angle postérieur externe est plus marqué, quoique bien arrondi et l'extrémité plus largement tronquée ; les antennes et les pattes sont plus longues.

Pays des Achantis.

Simoglossus niger, Chaud.

Cet insecte atteint quelquefois une taille de 15 sur 3 ⁹/₁₀ mill.

J'en ai reçu un individu brunâtre de M. W. M'Leay, sous le nom de *Helluosoma atrum* Cast., de cette taille, mais qui ne me paraît pas différer spécifiquement du *Niger,* et n'est point l'espèce de Castelnau.

---

(1) Ces descriptions sont les dernières qui aient été écrites par le baron de Chaudoir, et je me fais un devoir de les publier.

Toutes les espèces mentionnées et décrites ici par notre regretté collègue, font partie de ma collection. — R. O.

Brachynus frontalis, Chaud.

Long. : 17 ; larg. : 6 ½ mill.

Environ de la taille du *Scotomedes,* mais autrement coloré, plus voisin du *Bigutticeps,* mais bien plus grand.

Tête comme dans le *Scotomedes,* milieu du front plus lisse, yeux un peu plus proéminents.

Corselet présentant les mêmes dimensions, angles intérieurs moins arrondis au sommet, côtés bien plus sinués postérieurement, angles postérieurs plus saillants et plus aigus, le dessus un peu plus lisse, les impressions de la base plus profondes, le rebord latéral un peu plus relevé.

Élytres tout aussi allongées, mais moins rétrécies vers les épaules, qui, quoique bien arrondies, sont plus carrées, extrémité plus arrondie et formant un angle légèrement rentrant ; sur chaque élytre, 8 petites côtes, très peu élevées, plus lisses que le reste de la surface ; entre chaque côte, deux lignes à peine distinctes dont l'intervalle est tout à fait plat, à peine chagriné, excepté vers l'extrémité ; la pubescence est très légère et n'est guère visible que sur les côtés et vers l'extrémité. Les antennes et les pattes sont aussi longues que dans le *Chinensis.* En dessus, il est d'un brun noirâtre assez terne, avec deux taches ferrugineuses entre la partie postérieure des yeux ; la couleur générale du dessous est brun foncé, mais la pièce médiane du prosternum et du métasternum est ferrugineuse, ainsi que l'abdomen, vers le milieu, mais cela est sujet à varier ; les antennes, les palpes, les pattes avec les hanches et leurs appendices ferrugineux, les genoux et le bout des articles des tarses rembrunis.

Fly River (Nouvelle-Guinée). L.-M. d'Albertis.

Lebia discigera, Chaud.

Long. : 7 ⅔ ; larg. : 3 ½ mill.

D'après ma monographie sa place est dans la division III. 2, A. b. ; mais le 4ᵉ article des tarses postérieurs est fortement bilobé. Si on la compare à la *Crux-minor,* elle en diffère d'abord par sa coloration d'un testacé clair, un peu rembruni sur le disque de la tête et du corselet, ainsi que sur les épisternes, avec l'abdomen d'un brun foncé et une grande tache noire commune sur le disque des élytres, puis par sa forme plus allongée.

La tête est plus longue, très lisse, plus plane, le col plus étroit, les yeux plus gros et plus proéminents.

Le corselet est un peu plus large, plus arrondi aux angles antérieurs et sur le devant des côtés, le sommet des angles postérieurs, quoique droit, est plus arrondi.

Les élytres sont notablement plus allongées, moins arrondies sur les côtés, un peu obliquement tronquées à l'extrémité, l'angle sutural est plus arrondi; le dessus est finement strié, les stries sont plus profondes et très indistinctement ponctuées, ne laissant guère apercevoir d'alvéoles dans leur transparence; les intervalles presque lisses et plans, les points de la rangée submarginale plus nombreux et un peu moins gros, les deux points du troisième plus petits, le second plus éloigné de l'extrémité et placé sur le milieu de la largeur de l'intervalle. Les antennes sont bien plus grêles et plus longues, leurs articles bien plus allongés et plus étroits; les pattes également plus longues; les palpes minces et longs, testacés comme les antennes et les pattes. La tache noire du disque des élytres s'avance en pointe sur la suture jusqu'au premier quart et se prolonge en arrière sur les deux premiers intervalles jusqu'à deux tiers de millimètre du bord apical, elle s'étend vers les côtés en diminuant peu à peu jusqu'à la 6e strie, les bords antérieur et postérieur en sont dentelés.

Le Dr Fritsch l'a trouvée à Caledon, dans l'Afrique australe.

Loxopeza angustula, CHAUD.

Long. : 6 ¹/₂; larg. : ²/₃ mill.

Très voisine de la *Rufolimbata*, mais le corselet est plus petit et les élytres sont plus allongées, plus étroites et plus parallèles; le front est plus ridé.

Le corselet un peu plus étroit que la tête avec les yeux et un peu plus court que dans la *Rufolimbata*, sa forme est d'ailleurs pareille, mais le disque est bien plus plan et assez fortement rugueux.

Les élytres sont notablement plus longues et plus étroites, les côtés beaucoup plus rectilignes; le dessus est moins convexe, les stries sont plus fines, bien moins profondes, les intervalles presque plans et plus chagrinés.

La tête est colorée de même, mais le corselet est d'un rouge plus foncé, les élytres sont d'un brun noirâtre assez terne, avec le rebord d'un ferrugineux un peu plus foncé. En dessous le sternum est plus foncé, les huit derniers articles des antennes sont assez rembrunis. Elle est aussi voisine de la *Striata*, mais dans celle-ci le corselet et les élytres sont plus larges et les stries profondes.

M. Jelski l'a trouvée au Pérou, entre Ajacucho et Iça.

Crossoglossa politissima, Chaud.

Long. : 9 ³/₄ ; larg. : 4 mill.

Elle se rapproche le plus par sa forme de la *Ferruginea*, mais elle est entièrement d'un noir vernissé très luisant.

Tête comme dans la *Nigrolineata*.

Corselet un peu plus large, plus transversal, plus arrondi sur les côtés qui ne sont point anguleux, moins rétréci en arrière, les angles postérieurs plus obtus, côtés de la base remontant plus obliquement vers ceux-ci, la partie postérieure du rebord latéral plus large.

Élytres conformées de même, mais moins rétrécies vers la base, stries à peine marquées, mais visiblement ponctuées, la dépression de la 4ᵉ sur la partie antérieure du disque et de la 5ᵉ vers le milieu assez marquée, intervalles en général très plans, légèrement relevés seulement par places vers les côtés et l'extrémité, très lisses, les 2 poins du 3ᵉ placés de même, le premier article des antennes rougeâtre, les palpes et les parties internes de la bouche brunâtres avec les bouts des premiers plus clairs. La largeur du corselet est bien moindre que dans les *Testacea* et *Mellea,* mais elle dépasse les autres espèces, dont elle se distingue de suite par sa coloration.

Nouvelle-Calédonie.

Coptodera piligera, Chaud.

Long. : 8 ; larg. : 3 ³/₄ mill.

Dans cette espèce bien distincte, le labre est modérément allongé, rétréci et arrondi antérieurement avec une incision assez forte au milieu du bord antérieur.

La tête a la même forme que dans l'*Interrupta*, mais elle est lisse; il n'y a point de plis longitudinaux près du bord interne des yeux, les impressions frontales sont plus profondes, il y a de même près de chaque œil deux points sétifères, mais il y en a en outre un assez gros sur le milieu du front et quelques autres également sétifères entre le front et l'occiput.

Le corselet est plus large que dans l'*Interrupta*, la partie antérieure des côtés est bien plus arquée et leur partie postérieure assez fortement sinuée, les angles postérieurs sont saillants et aigus, le dessus est plus lisse, les impressions sont toutes plus profondes, le rebord latéral est bien plus largement relevé ; le long du bord antérieur, ainsi que sur le disque, il y a quelques rares points sétifères et sur la marge du rebord même, autour de l'angle antérieur, une rangée de cinq poils horizontaux, formant éventail.

Les élytres sont plus larges que dans l'*Interrupta*, un peu plus arrondies sur les côtés, l'angle de l'extrémité de la suture est légèrement arrondi au sommet, le rebord latéral est plus large, surtout vers le milieu ; les stries sont ponctuées, les intervalles lisses, mais sur presque tous on aperçoit une rangée de quelques points sétifères dont plusieurs manquent, mais qui en occupent le milieu, et sur la marge du rebord latéral on voit une rangée de petites épines horizontales assez éloignées les unes des autres. L'insecte est d'un brun foncé luisant, le rebord latéral du corselet et des élytres, ainsi que le milieu de l'abdomen plus clair ; le labre, les parties de la bouche, les mandibules, les palpes, les antennes, les hanches avec les appendices postérieurs, la base des cuisses, les jambes et les tarses ferrugineux ; sur chaque élytre une petite tache située sur le premier quart du cinquième intervalle et qui entame quelquefois les deux intervalles voisins, et une autre placée au troisième quart, formée de trois longues taches sur les troisième, quatrième et cinquième intervalles, d'une tache plus pétite, arrondie en dedans sur le deuxième à côté des premières et de deux petites placées un peu plus en arrière sur les sixième et septième.

M. l'abbé A. David en a trouvé plusieurs individus à Moupin.

Note. — Les poils qui se dressent sur la tête, le corselet et les élytres de cette espèce, ainsi que les petites épines qui garnissent les angles antérieurs du corselet et les bords des élytres, distinguent de suite cette intéressante espèce de toutes les autres *Coptodera*.

Ectinochila, gen. nov.

Ligula quam in *Stenoglossis* multo brevior, minus porrecta, paraglossis antice conniventibus obducta.

Palpi breviores et crassiores, *maxillares* articulo penultimo sequente multo breviore.

Mentum sinu simplici, haud dentato.

Labrum quam in *Stenoglossis* brevius obtusiusque, supra coriaceum, metallicum, medio apice longitudinaliter sublineatum.

Unguiculi simplices, pedes cæterum similes.

Prosternum inter coxas haud marginatum.

Episterna postica latitudine longiora, antice lata, posterius valde angustata.

Abdomen sparsissime punctulatum, pilis brevissimis obsitum; ano subemarginato.

Caput oculis majusculis, collo haud strangulato; *prothorax* lateribus angulatus, angulis setigeris, media basi longius producta (ut in *Lebiis*); *elytra* quadrata, truncata.

La brièveté de la languette, l'absence de dents dans l'échancrure du menton et de dentelures aux crochets des tarses, ainsi que quelques autres caractères, distinguent cet insecte des *Stenoglossa*, il se rapproche aussi un peu des *Molpus-Scopodes*, mais la forme de la languette est tout autre dans ceux-ci.

Ectinochila tessellata, CHAUD.

Long. : 3 ¹/₂; larg. 1 ¹/₂ mill.

Tête carrée, fortement chagrinée, plane, avec une impression arrondie sur le milieu du front et un léger repli longeant le rebord interne de l'œil, qui est très grand, hémisphérique; près du bord antérieur de l'œil un gros point pilifère, col aussi large que la partie postérieure du front qui se rétrécit légèrement en avant.

Corselet à peine aussi large que la tête avec les yeux, court, très transversal, un peu plus étroit entre les angles de la base qu'entre ceux de l'extrémité, tous les quatre angles droits, légèrement arrondis au sommet, bord antérieur à peine échancré, presque droit, côtés anguleux sur le milieu, l'angle assez ouvert, un peu arrondi au sommet; la partie antérieure devant l'angle à peu près rectiligne, la partie qui suit l'angle un peu sinuée, le milieu de la base sur le pédoncule fortement prolongé, formant de chaque côté un angle rentrant droit, le bord postérieur du prolongement coupé

carrément et formant également un angle droit avec ses côtés ; le dessus
plus finement chagriné que la tête, le disque un peu convexe, limité devant
par une impression transversale en arc de cercle, assez forte, partagé en
deux par une ligne médiane fine et peu profonde, et séparé du prolongement
postérieur par une impression un peu moins profonde que l'antérieure, le
rebord latéral assez étroit et fin, s'élargissant un peu à l'angle du milieu
des côtés et aux angles postérieurs qui sont assez relevés ; de chacun de ces
angles sort un poil assez long et il y a, en outre, une impression sur chaque
moitié du disque.

Élytres de près du double plus larges que le corselet, à peine d'un quart
plus longues que larges, de forme assez carrée, assez échancrées au milieu
de leur base commune, avec les épaules avancées et largement arrondies,
les côtés légèrement arrondis, l'extrémité tronquée assez obliquement, assez
profondément sinuée, avec la partie qui aboutit à la suture un peu prolongée
et arrondie au sommet, l'angle externe de la troncature assez arrondi ; le
dessus peu convexe, distinctement et complètement strié, stries lisses, plus
imprimées sur les parties claires, avec trois gros points pilifères sur le
troisième intervalle, les deux premiers traversant l'intervalle, mais s'ap-
puyant davantage contre la troisième strie, le premier non loin de la base,
le second avant le milieu, le troisième aux trois quarts, moins gros que les
deux autres, contre la deuxième strie ; base des élytres finement rebordée,
mais sans forme d'ourlet, rebord latéral fin, peu large. Tête et corselet d'un
bronzé terne, labre verdâtre, bordé de testacé, bord antérieur du corselet,
rebord latéral dilaté aux angles et bord postérieur du prolongement jaunâtres, élytres bronzées, avec l'intervalle sutural, le rebord latéral et apical,
les épipleures et deux bandes transversales d'un jaune clair, ces bandes
composées de taches placées irrégulièrement sur chaque intervalle, celles
de la bande postérieure s'allongeant en se rapprochant de la suture, les
trois internes rejoignant la bande antérieure ; le dessous du corps d'un brun
foncé, s'éclaircissant un peu sur le prosternum ; antennes d'un brun clair,
avec les quatre premiers articles, les palpes, les mandibules, les parties de
la bouche et toutes les pattes d'un jaune blanchâtre.

Un individu ♂ venant de Moreton-Bay.

Note. — Ce genre se rapproche beaucoup des *Molpus* et sert même,
je crois, d'intermédiaire entre lui et les *Stenoglossa*. La languette des
Molpus est avancée, renflée à son extrémité et se recourbe en dessus

presque en forme de cuiller dont la partie concave est en dessus, ce qui ne se voit pas dans l'*Ectinochila*. Le dernier article des palpes est obtus dans celle-ci; le col est plus large et n'est pas séparé du front à la hauteur du bord postérieur des yeux par un étranglement transversal; le dessus de la tête et du corselet n'est pas aussi rugueux et le mode de coloration est autre et rappelle celle des *Stenoglossa*.

Catascopus cupricollis, Chaud.

Long. : 15; larg. : 5 mill.

Il fait partie de la même section que le *Wallacei*, dont il diffère par sa taille moindre, son corselet beaucoup moins rétréci postérieurement et sa coloration.

La tête est pareille, sauf les sillons frontaux, moins prolongés en arrière.

Le corselet est aussi transversal, mais beaucoup moins rétréci avant la base qui est aussi large que l'extrémité antérieure, le bord antérieur est tout aussi échancré, les angles antérieurs sont plus avancés, plus étroits et bien moins arrondis au sommet, la sinuosité de la partie postérieure des côtés est bien moindre, les angles postérieurs ne sont que droits, mais ne forment pas saillie et sont précédés d'une légère indentation; les ondulations et le rebord latéral sont pareils.

Les élytres sont presque conformées de même, mais elles ne sont pas élargies vers la base, et la dent externe de l'échancrure apicale, bien qu'aussi effilée, est moins longue, et celle de l'extrémité de la suture ne se relève pas comme dans le *Wallacei*. Les antennes sont proportionnellement moins épaisses. La tête est entièrement d'un vert très légèrement cuivreux, le corselet d'un cuivreux beaucoup moins rouge et moins brillant, les élytres ne sont pas violettes, mais d'un bleu métallique tirant un peu sur le vert.

Nouvelle-Guinée, 1 exemplaire.

J'en ai vu 4 autres dans la collection de M. R. Oberthür (Fly River, L.-M. d'Albertis).

Note. — J'ai d'abord cru que c'était l'*Aruensis* Saunders, mais si l'on compare la figure (*Transact. of the entom. Soc. of Lond.*, 1863, pl. XVII, fig. 5), on trouvera que le corselet est beaucoup moins court que dans le *Cupricollis* et que la description du corselet ne lui convient point, mais le type de Saunders m'est inconnu.

Graphipterus Fritschi, CHAUD.

Long. : 13 ¹/₂; larg. : 6 ¹/₂ mill.

C'est du *Plagiatus* dont il est encore le plus voisin, et de même que dans ce dernier et dans le *Discoideus,* la suture porte une bande étroite d'une pubescence d'un gris un peu jaunâtre.

Le corselet est un peu plus large et un peu plus arrondi sur les côtés.

Les élytres ont une forme moins arrondie et plus carrée, comme dans le *Discoideus;* la pubescence de la tête et du corselet est distribuée de même : sur les élytres, la tache noire est un peu comme dans le *Westwoodi,* mais elle est partagée en deux par la bande suturale qui est très étroite, s'élargit un peu vers la base et atteint la bordure grise également étroite du bord postérieur; sa plus grande largeur est avant le milieu, se rétrécit peu à peu vers la base qu'elle atteint en face des côtés du pédoncule; la large bordure latérale se dilate un peu près des épaules et s'étend jusqu'aux côtés du pédoncule; aux trois quarts postérieurs, elle se dilate intérieurement à peu près comme dans le *Westwoodi,* formant une bande transversale plus large que dans ce dernier et qui n'est séparée à son extrémité interne de la bande suturale que par un trait noir très fin; cette bande est un peu dentelée sur son bord antérieur et ondulée sur le bord postérieur qui est séparé de la bordure apicale par une bande noire qui se rétrécit extérieurement et y rentre légèrement en forme de crochet court dans le bord postérieur de la bande grise, mais on ne retrouve pas, près de l'extrémité de la suture, la tache blanche commune qui s'y voit dans les *Westwoodi* et *Fasciatus.* Les trois premiers articles des antennes sont ferrugineux.

Deux individus trouvés par le Dʳ Fritsch dans l'Afrique australe, à Molopo et à Bawankitsi.

Graphipterus cinctus, CHAUD.

Long. : 11 ; larg. : 5 mill.

Il ressemble au *Suturiger* et vient se placer auprès de cette espèce dont il a tout à fait la forme, mais dont il diffère par le dessin des *élytres;* la bande suturale noire est identique, mais la bande blanche qui la longe est plus étroite, et entre cette dernière et la bordure blanchâtre latérale, il n'y a pas, comme dans le *Suturiger,* de bande intermédiaire, mais cet espace est occupé par une pubescence fauve dans laquelle on distingue de faibles stries qui semblent un peu plus foncées que les intervalles qui les séparent. Le reste, y compris les antennes et les pattes, est coloré de même.

Un individu trouvé par le Dr Fritsch, à Kuruman, dans l'Afrique australe.

Note. — Le Dr Fritsch a pris dans les mêmes régions une variété du *Graph. suturalis* à cuisses ferrugineuses comme celles du *Femoratus*. Le même voyageur a trouvé à Molopo les *Gr. anchora, Westwoodi, cordiger, plagiatus, tibialis, bilineatus, bivittis, quadrum, trivittatus, ferruginosus, Andersoni, suturalis, limbatus, atrimedius, lineolatus* et *vestitus,* ainsi que les *Piezia Spinolæ* et *fasoglica;* à Bawankitsi, les *giganteus, Fritschi, amabilis* et *circumcinctus;* à Kuruman, les *cinctus* et *griseus* et près de Fish River, l'*incanus.*

Anthia pachyoma, Chaud.

♂ Long. : 40; larg. : 13 ¹/₂ mill.; ♀ long. : 33; larg. : 12 ¹/₃ mill.

Elle se rapproche de la *Thoracica,* mais il n'y a pas de trace de la tache latérale du corselet.

La tête est à peu près pareille, la mandibule gauche du ♂ est tout aussi développée et arquée, celle de droite est plus courte, moins arquée, un peu dilatée en dedans vers le milieu, surtout en dessous, et depuis la dilatation jusqu'à l'extrémité le côté interne est creux et comme canaliculé.

Le corselet du ♂ est bien moins large antérieurement, beaucoup moins arrondi sur la partie antérieure des côtés, les lobes postérieurs sont plus allongés, plus larges, leurs côtés moins sinués, moins rapprochés antérieurement et séparés par une excavation plus large, leur partie postérieure est un peu bombée; l'angle rentrant postérieur pareil; en somme le corselet ressemble davantage à celui de la *Maxillosa* ♂ dans les exemplaires de celle-ci où les lobes postérieurs sont larges, mais ils le sont encore plus.

Les élytres ♂ sont plus courtes, moins parallèles, les épaules plus carrées, plus tuméfiées, surplombant davantage la base du rebord latéral, l'extrémité est simplement et assez obtusément arrondie, sans trace de la légère sinuosité qu'elle décrit dans la *Thoracica;* la base entre les épaules est plus aplanie, le dessus est plus lisse et plus luisant. La ♀ ressemble davantage à celle de la *Maxillosa* qu'à celle de la *Thoracica*, mais il y a une bordure blanche qu'on ne voit jamais dans la première. La tête et le corselet diffèrent peu de ceux de cette dernière (la *Maxillosa*), mais les élytres sont plus courtes, moins convexes, surtout sur le disque et entre les épaules, la région humérale est plus tuméfiée, quoique bien moins sensiblement que dans le ♂, et surplombent aussi la base du rebord latéral.

Transwaal.

Polyhirma Boucardi, CHAUD.

Long. : 32; larg. : 10 ¹/₂ mill.

Voisine de la *Cailliaudi,* mais certainement distincte, à peu près de la taille des grands exemplaires de cette espèce; elle en diffère : 1° par le corselet plus rétréci en arrière, plus arrondi sur le devant des côtés et plus sinué dans leur partie postérieure, ce qui fait que, quoique arrondis au sommet, les angles postérieurs sont plus droits; 2° les élytres sont plus rétrécies vers la base, plus élargies en arrière, le milieu des côtés est plus arrondi et l'extrémité bien plus obtusément arrondie sans aucune sinuosité, la partie postérieure du dessus vers le bord postérieur est plus aplatie; au lieu des six côtes de la *Cailliaudi* il n'y en a que cinq sur chaque élytre, et elles s'aplatissent plus loin de l'extrémité; le premier intervalle est relevé en côte tranchante, mais moins élevée que les autres, tandis qu'il est plat dans la *Cailliaudi,* les alvéoles entre les côtes sont bien plus grands, excepté près de la base et de l'extrémité, ils sont arrondis et à fond plat, la rangée entre la quatrième et la dernière côte se dédouble à partir du milieu, et entre deux on aperçoit une légère côte moins haute que les deux voisines; quant aux rangées de fovéoles le long des côtés elles sont à peu près comme dans la *Cailliaudi.* La bande pubescente sur le milieu du corselet est comme dans cette dernière, ainsi que la bordure latérale des élytres, mais toute la partie aplatie de l'extrémité de celles-ci est couverte d'une pubescence jaunâtre, et la tache scutellaire qui part de l'écusson même est beaucoup plus courte.

Elle habite le Transwaal et m'a été cédée par M. Boucard.

Polyhirma Fritschii, CHAUD.

Long. : 25-27; larg. : 7 ³/₄-9 ¹/₅ mill.

Elle diffère beaucoup de toutes les *Polyhirma* connues par la sculpture des élytres. Elle est d'un noir luisant, et il n'y a pas de côtes sur la moitié postérieure des élytres. Si nous la comparons à la *Cailliaudi*, nous trouvons que les yeux sont plus saillants, surtout dans le ♂, que la saillie des joues est moins élevée et moins convexe, que la partie postérieure du front est beaucoup plus creuse, et que l'espace entre les deux sillons du devant de ce dernier n'est point relevé en côte, mais qu'il n'est que légèrement convexe.

Le corselet est un peu plus court, plus arrondi sur les côtés, ce qui fait que le milieu est plus élargi et que la base semble plus étroite, le dessus est notablement plus bombé, beaucoup moins ponctué, presque lisse, les sillons latéraux sont plus rapprochés des angles postérieurs, la ligne médiane est moins déprimée, le rebord latéral est plus fin.

Les élytres sont plus régulièrement ovales et ne s'élargissent pas après le milieu où elles atteignent leur plus grande largeur, la rondeur des côtés est moindre à partir du pédoncule et l'extrémité plus acuminée; elles sont environ de moitié plus larges que le corselet et du double plus longues que larges, le disque antérieur est un peu plus bombé; il y a six côtés; très tranchantes sur chaque élytre, qui diminuent peu à peu de longueur, de la sixième à la première, celle-ci ne dépassant guère le milieu, tandis que la sixième dépasse un peu le dernier quart; l'intervalle sutural est assez large et augmente encore un peu de largeur vers la base, il est d'abord un peu convexe, mais il s'aplatit tout à fait après le milieu; les sillons, profonds entre les côtes, portent des alvéoles qui n'ont pas la forme arrondie de ceux de la *Cailliaudi,* ils sont plus petits, moins rapprochés, leur bord antérieur est abruptement relevé, tandis que postérieurement leur fond se relève peu à peu jusqu'au bord de la suivante, un peu comme des tuiles superposées les unes aux autres; ces alvéoles deviennent de plus en plus petits et cessent avant la fin des côtes, les sillons se prolongent vers l'extrémité en stries très fines et lisses, et les intervalles y deviennent de plus en plus plans; la partie plane des élytres offre un fort reflet soyeux et comme velouté. Le dessus est noir et bien plus luisant que dans toutes les autres *Polyhirma;* il n'y a qu'une bordure grisâtre très effacée sur le bord latéral des élytres, mais l'écusson et le bord postérieur du corselet sont ornés d'une forte pubescence jaune comme dans l'*Opulenta,* formée, surtout sur l'écusson, de gros poils assez longs.

J'en possède un mâle et une femelle trouvés à Kuruman, dans l'Afrique australe, par le Dr Fritsch.

Tefflus Hacquardi, Chaud.

Long. : 48-50; larg. : 18 $^1/_2$-19 $^1/_2$ mill.

Cette espèce égale au moins par sa taille les *Megérlei*, *Delegorguei* et voisins, mais ce qui la distingue de ces espèces, ce sont les bords largement relevés du corselet.

Je ne vois pas de différence dans la tête.

Les côtés du corselet sont très obtusément anguleux, le disque est moins convexe, et il est sculpté comme dans le *Delegorguei*, mais les bords latéraux sont largement et assez sensiblement relevés, ce qui n'est le cas dans aucune des espèces de ce groupe.

Les élytres ne m'ont paru différer de ce dernier ni par la forme, ni par la convexité, ni par le mode de sculpture, les sillons entre les côtes élevées sont d'un noir plus opaque.

Quatre individus envoyés à M. R. Oberthür de Mhonda (Zanguebar) par le R. P. Hacquard.

Tefflus cribriceps, Chaud.

(Pl. I, fig. 4).

Long. : 28 $^1/_2$; larg. : 11 $^1/_2$ mill.

Un peu plus petit et un peu moins allongé que l'*Hamilloni*, coloré d'ailleurs de même.

Tête moins allongée, entièrement couverte en dessus d'une forte rugosité, à l'exception de l'épistome et du col qui sont lisses, yeux bien moins proéminents, en comparant les ♂.

Corselet plus large à son bord antérieur, qui est un peu échancré, les angles antérieurs plus écartés des côtés du col et moins arrondis, milieu des côtés un peu plus anguleux, angles postérieurs plutôt obtus qu'arrondis, quoique leur sommet le soit; ponctuation du dessus plus dense quoique aussi profonde, formant un réseau plus serré.

Élytres un peu moins allongées, moins ovales, la courbe de la base des côtés plus forte, tandis que celle du milieu de ceux-ci est moindre, ce qui leur donne une apparence plus carrée, côtes plus étroites, quoique peu tranchantes et un peu moins élevées, sculpture d'ailleurs à peu près identique.

Deux individus ♂ provenant également de Mhonda (R. P. Hacquard).

Chlænius (Vertagus) Hacquardi, Chaud.

(Pl. II, fig. 10).

Long. : 10; larg. : 3 mill.

Ceci est véritablement une troisième espèce de ce groupe dans lequel Boheman avait placé à tort deux espèces qui n'y appartiennent point. Elle a tout à fait la forme du *Buqueti*, mais elle est autrement colorée. Le devant de la tête est un peu plus ponctué, le corselet est un tant soit peu plus épais et la ponctuation un peu plus forte; les élytres sont un peu moins rétrécies vers la base, les intervalles des stries plus convexes. En dessus il est d'un noir assez terne, avec un reflet verdâtre sur l'épistome et sur les côtés des élytres, ainsi que sur leurs épipleures; la tache jaune est placée exactement sur le milieu de la longueur et s'étend de la troisième à la huitième strie, sa forme est plus ovalaire et plus transversale; le premier article des antennes est noir comme les autres, l'extrémité des palpes est roussâtre, le dessous du corps est d'un vert métallique foncé, mais brillant; les pattes sont colorées comme dans le *Buqueti*, si ce n'est que la partie jaune des cuisses et un peu plus courte dans l'individu ♂ unique que j'ai sous les yeux et qui a été trouvé à Mhonda (Zanguebar) par le R. P. Hacquard.

Chlænius pleuroderus, Chaud.

Long. : 10; larg. : 4 mill. ♀.

Par sa forme et la position des taches sur les élytres il se rapproche de l'*Orbicollis*, mais il s'en distingue de suite par la couleur jaune des bords latéraux du corselet.

Tête moins étroite, moins densément pointillée, suture de l'épistome et impressions latérales du devant du front bien moins marquées.

Corselet plus large, plus arrondi sur les côtés, angles antérieurs un peu plus éloignés des côtés du col, ceux de la base plus arrondis; ponctuation du dessus aussi forte, mais bien moins dense, impressions latérales de la base moins marquées, bords latéraux relevés de même.

Élytres presque de la même forme, mais un peu plus larges, striées de même, ponctuation des intervalles un peu moins dense. Tête cuivreuse avec le col verdâtre, dessus du corselet d'un beau vert avec les bords latéraux d'un jaune clair sur toute leur longueur, élytres d'un bleu foncé, tournant peu à peu au vert clair un peu cuivreux vers la base, tache arrondie comme dans l'*Orbicollis*, de la même dimension, un peu plus rapprochée du milieu de la longueur de l'élytre. En dessous l'abdomen est bien plus ponctué sur toute sa largeur. Les palpes manquent à mon individu, ainsi que les sept derniers articles des antennes, mais les trois premiers sont ferrugineux, le quatrième est brun, les pattes entièrement d'un jaune testacé.

Indes-Orientales.

Chlænius stenotrachelus, CHAUD.

Long. : 10 ¹/₂; larg. : 3 ¹/₂ mill. ♂.

Par sa forme et sa coloration il ressemble au *Reichei,* mais il est plus étroit et plus allongé.

La tête ne diffère guère, mais le corselet est plus étroit et de forme plus allongée, le dessus est plus convexe antérieurement, avec une ponctuation identique, le sommet des angles de la base plus arrondi.

Les élytres sont notablement plus longues et plus étroites, les côtés moins arrondis, un peu plus parallèles, la rondeur de l'extrémité est bien moins obtuse et plus sinuée sur les côtés; les intervalles sont ponctués de même, mais ils sont plus convexes et couverts d'une pubescence plus longue et plus visible, de couleur grisâtre. Le dernier article des palpes est un peu plus dilaté que dans le *Reichei* ♀, les antennes sont au moins aussi longues et les pattes semblent plus allongées. La coloration est comme dans cette espèce d'un beau bleu violacé en dessus, le troisième article des antennes est brun comme les suivants, lisse, avec la base de la couleur des deux premiers; les deux derniers articles des palpes maxillaires et le dernier des labiaux sont bruns, les pattes d'un jaune testacé avec les tarses plus ou moins rembrunis.

Il vient de Natal et faisait partie de la collection E. Brown.

Chlænius neocaledonicus, CHAUD.

Long. : 13; larg. : 4 ¹/₂ mill.

On ne saurait le placer qu'auprès du *Bimaculatus,* mais il en diffère par la forme du corselet et par la ponctuation des élytres.

La tête est plus lisse; le corselet est plus cordiforme, plus rétréci vers la base, les côtés sont visiblement sinués dans leur moitié postérieure, les angles postérieurs sont tout à fait droits, nullement arrondis au sommet, le dessus est beaucoup moins ponctué, bien plus lisse, les deux sillons arqués des côtés de la base plus profonds, et la partie postérieure du rebord latéral plus relevée.

Les élytres sont plus étroites et notablement plus allongées, moins régulièrement ovales et se rétrécissent davantage vers la base; le dessus est un peu moins convexe et les intervalles des stries sont beaucoup moins densément ponctués. Les épisternes postérieurs sont tout à fait lisses comme le dessous du corps, sauf quelques petits sur les côtés des premiers segments de l'abdomen. La coloration générale est à peu près la même, mais la tête et le corselet sont d'un vert plus bleuâtre et plus luisant, la tache des élytres est beaucoup plus petite et ne se compose que d'une tache courte qui occupe l'emplacement de la tache du milieu du *Bimaculatus,* et d'une tache encore bien plus petite à côté de celle-ci sur le septième.

Nouvelle-Calédonie.

Ce *Chlœnius* est la troisième espèce néocalédonienne connue jusqu'à présent.

Chlænius fasciger, CHAUD.

Long. : 9 $^1\!/_2$; larg. : 3 $^1\!/_4$ mill.

Se rapproche beaucoup de l'*Ammon,* mais il est plus petit et la bande des élytres est tout autre.

La tête et le corselet ont à peu près la même forme et ils sont ponctués de même, les élytres sont moins convexes, la ponctuation des intervalles des stries est plus forte, celles-ci sont plus distinctes, la bande jaune occupe le même emplacement, mais ne remonte point vers le milieu le long du bord extérieur, elle est un peu échancrée postérieurement et son bord antérieur est arrondi, elle s'étend de même de la suture à la huitième série. Le reste est coloré de même.

Natal, un individu ♂ provenant de la collection E. Brown.

Chlænius subelongatus, CHAUD.

Long. : 16; larg. : 5 $^2\!/_3$ mill.